图书在版编目（CIP）数据

我的第一本数学童话. 送给爸爸的生日礼物/（韩）金素英 著；（韩）朴晓娴 绘；
邓楠 译. —北京：东方出版社，2012
ISBN 978-7-5060-4588-9

Ⅰ.①我…　Ⅱ.①金…②朴…③邓…　Ⅲ.①数学—儿童读物　Ⅳ.①O1-49

中国版本图书馆CIP数据核字（2012）第057120号

中文简体字版专有权属东方出版社
著作权合同登记号　图字：01-2012-1854

我的第一本数学童话：送给爸爸的生日礼物
（WODE DIYIBEN SHUXUE TONGHUA：SONGGEI BABADE SHENGRI LIWU）

作　　者：〔韩〕金素英
绘　　图：〔韩〕朴晓娴
译　　者：邓　楠
责任编辑：黄　娟　邓　楠
出　　版：东方出版社
发　　行：人民东方出版传媒有限公司
地　　址：北京市东城区朝阳门内大街166号
邮政编码：100706
印　　刷：北京博艺印刷包装有限公司
版　　次：2012年5月第1版
印　　次：2012年5月第1次印刷
印　　数：1—5000册
开　　本：889毫米×1194毫米　1/20
印　　张：1.8
字　　数：1.7千字
书　　号：ISBN 978-7-5060-4588-9
定　　价：25.00元
发行电话：（010）65210059　65210060　65210062　65210063

# 送给爸爸的生日礼物

［韩］金素英（김수영） 著
［韩］朴晓娴（박소현） 绘
邓 楠 译

东方出版社

今天是
我亲爱的爸爸的生日！

我要给爸爸
世界上最好的礼物。

白糖　　　面粉

我和妈妈打算一起来做生日蛋糕。

♫ 准备好了吗？ ♫

♫ 准备好了呀。 ♫

"来，好好看着，然后跟着妈妈来做。

放上**面包**，然后涂**奶油**，

放上**面包**，然后涂**奶油**……"

一边看文字一边指图画，帮助孩子说出放面包和奶油的顺序。

"我也会!

放上**面包**，涂上**奶油**，

涂上**奶油**，放上**面包**，

涂上**奶油**……

咦？我的蛋糕样子好奇怪啊？"

唉哟，
顺序错了嘛！

"哈哈哈，现在我们来让蛋糕更漂亮啊！
在香甜的**草莓**旁边放上一片**猕猴桃**。
**草莓、猕猴桃，草莓、猕猴桃……**
怎么样，不难吧？"

"当然啦，这个我也行。

草莓、猕猴桃，猕猴桃，

草莓、草莓……

哦？好像又不对劲哦。"

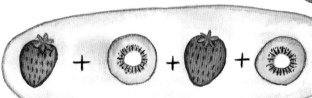

我怎么总是这样？

顺序又错了嘛！

给孩子说一说小女孩做的蛋糕和妈妈做的蛋糕有什么不一样，并且告诉他们为什么会不一样。然后让孩子说说怎样才能改过来。

我又放了一遍。
**草莓、猕猴桃,**
**草莓、猕猴桃。**
可是,蛋糕并没有比刚才
好看多少。

不过没关系。我还准备了一首歌呢。我们一起唱生日歌的话，
爸爸会高兴得不得了哦！

13

我来敲鼓，咚咚！

妈妈来敲三角铁，叮叮！

咚咚，叮叮，咚咚，叮叮……

我们很认真地练习着。

找一找乐器声音中隐藏的规律。

14

我还做了一张漂亮的生日卡片。

我画上了星星和月亮。

星星，星星，月亮，月亮。

星星，星星，月亮，月亮……

爸爸看到这张生日卡片
会不会非常高兴呢？

叮咚！
爸爸回来啦！
我的心怦怦地跳着，
"爸爸，我有东西
给你哦！"

18

我缓缓地拿出生日卡片，

最后爸爸一把抱住我，

"哦，真棒，我的女儿最乖了！"

爸爸！
祝你
**生日快乐**

我爱你
☆
♡

现在该吃蛋糕喽！

长蜡烛、短蜡烛，长蜡烛、短蜡烛……
我们按照顺序把蜡烛插在了蛋糕上。

最后我们一起唱生日歌。

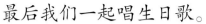 祝你生日快乐。

祝你生日快乐。

我最亲爱的爸爸，

祝你生日快乐。

怎么样，这样的生日礼物

是不是世界上最好的呢？

叮叮！

咚咚！

我来到了朋友家。

哇，好吃的东西真多呀！

可是桌子上的盘子乱七八糟的。

圆盘子、方盘子，圆盘子、方盘子。

要是按顺序放的话，看起来会更好。

让我们按盘子的顺序来整理一下吧。

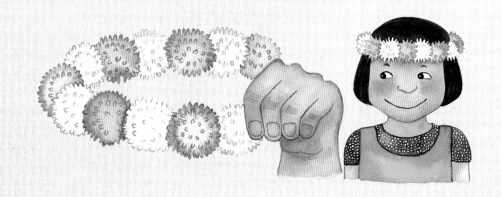

花园里开满了白色和黄色的花。

白色的花、黄色的花，白色的花、黄色的花⋯⋯

一朵一朵，编成了一个花冠。

现在要做项链啦。

粉红色的花、紫色的花、粉红色的花⋯⋯

接下来该是什么花了呢？

和朋友们一起跳舞。

右脚、左脚，右脚、左脚……

愉快地跳呀！

左脚倥倥，右脚嗵嗵！

倥倥、嗵嗵，倥倥、嗵嗵！

内容
想一想

今天是爸爸的生日。小女孩想送给爸爸她亲手做的礼物。可是，按顺序放蛋糕和奶油是那么的不容易，而且用草莓和猕猴桃装饰蛋糕也是那么难。虽然妈妈会觉得摆上蛋糕，然后涂奶油根本不算什么，但是对于孩子来说却是一件相当不容易的事。交替摆放草莓和猕猴桃对大人来说很熟练，但是在孩子眼里却会是一件新鲜而困难的事情。

在学习发现规律的时候，为了激发孩子对学习的好奇心，最好让孩子多接触做饭、音乐以及美术等动手性较强的内容。通过生日宴会的各项准备活动，可以帮助孩子发现隐藏在活动中的规律以及规律的重复性。

### ab 规律

一定的基本单位以一定的规则重复，这就是规律。数字也是从 1 到 9 的数字重复的规律。理解了规律的概念会有助于理解数字的体系。本书中出现的 ab 规律和 aabb 规律是规律类型中最基本的。在本书中，我们能发现孩子们最喜欢的做饭、唱歌以及画画等活动中的 ab 规律。在演奏乐器和制作生日卡片时，可以发现 aabb 的规律。请帮助孩子们发现这些规律并且反复应用它们。

请去发现一些规律并直接实践一下这些规律所产生的活动。吃饼干的时候，可以按照饼干的形状——圆形的，方形的，圆形的，方形的……这样的顺序来摆放。以这样简单的规律作为开始，逐渐加大难度，直到应用一些复杂的规律。规律不仅仅存在于各种有形物中，在歌词里或者我们常用的象声词里也能找到它的身影。请给孩子找一找歌词中或者有节奏的话语中的一些规律。另外，在身体反应比较敏感的时期，如果能很好地利用身体活动来学习规律，也会取得不错的效果。在这套书的数学童谣《扑通扑通》中，孩子就可以既拍手唱歌，又愉快地学习规律。

一起
做一做

## 祝你生日快乐

祝你生日快乐，
祝你生日快乐，
我最亲爱的朋友，
祝你生日快乐。

我们每个人都有自己的生日。
生日就是我们在世上出生的日子。
生日是我们最高兴的日子。
亲人和朋友欢聚一堂，
为我们庆祝生日。
大家一起共唱生日歌。

小朋友的生日是
什么时候呢？

我们要给过生日的
人送礼物，对吧？